Miriam Brosig

Wirtschaftsentwicklung und regionale Disparitäten in Ostdeutschland II: Wissen und Innovation

GRIN Verlag

Institut für Wirtschafts- und Kulturgeographie

Leibniz Universität Hannover

Seminar: Regionalwirtschaftliche Potenziale und Hemmnisse Ostdeutschlands

Brosig, Miriam

Wirtschaftswissenschaften (Diplom)
8. Fachsemester

Wirtschaftsentwicklung und regionale Disparitäten in Ostdeutschland II:

Wissen und Innovation

Sommersemester 2007

Inhalt

Abbildungsverzeichnis

Tabellenverzeichnis

1 Hintergrund der Untersuchung

Regionale Disparitäten im Innovationsverhalten lassen sich als in regionaler Ebene nebeneinander bestehende Ungleichheiten bezüglich der Innovationstätigkeit definieren.[1] Innerhalb der Betrachtung der regionalwirtschaftlichen Potenziale und Hemmnisse Ostdeutschlands ist Innovation als wesentlicher Faktor zur Steigerung der Produktivität und damit auch zur Steigerung des wirtschaftlichen Wachstums anzusehen. Eine gewünschte Auswirkung des Wachstums ist zum Beispiel die Steigerung der Beschäftigung. Abbildung 1 verdeutlicht diesen Zusammenhang (VOSSKAMP/SCHMIDT-EHMKE 2006:27). Basierend auf Zahlenmaterial der OECD wird dargestellt, dass mit einem höheren Wirtschaftswachstum tendenziell eine geringere Arbeitslosenquote einhergeht. Es ist jedoch darauf hin zuweisen, dass Wachstum nur die Voraussetzung für einen Rückgang der Arbeitslosigkeit schafft. Damit nicht bei steigendem Wachstum die Beschäftigung stagniert oder sich rückläufig entwickelt, muss demnach auch die Beschäftigungsintensität des Wachstums stabil bleiben oder erhöht werden (vgl. MARETZKE 2006:473).

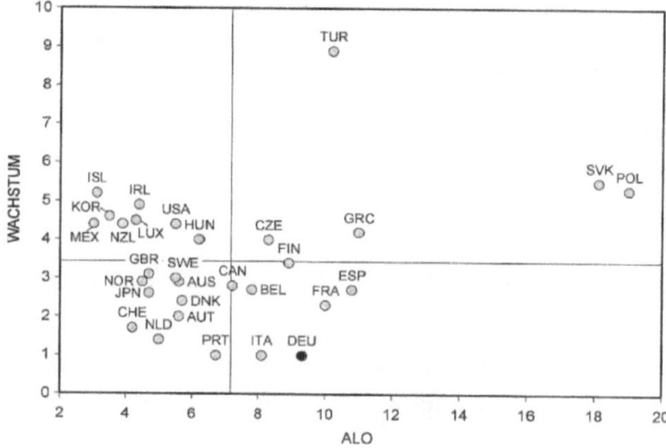

Abbildung 1: Zusammenhang zwischen der Wachstumsrate des BIP in % und der Arbeitslosenquote in % (2004)

Innovationen sind zudem wesentliche Voraussetzung um Wettbewerbsvorteile zu erzeugen und zu erhalten, da durch den fortschreitenden internationalen Wettbewerb der Druck auf Unternehmen, in immer kürzeren Zeitabständen Innovationen hervorzubringen, steigt. (Vgl. DOHSE 2004:1)

---

[1] Regionale Disparitäten werden als Abweichungen bestimmter, als bedeutsam erachteter Merkmale von einer gedachten Referenzverteilung verstanden, die auf eine bestimmte räumliche Ebene bezogen ist. Vgl. Regionale Disparitäten, in: Handwörterbuch der Raumordnung 1995, S. 185-189.

Gerade für ostdeutsche Unternehmen scheinen Innovationen also notwendig zu sein, um die Arbeitslosenquote zu senken und gleichzeitig produktive Standorte zu schaffen, die im internationalen Wettbewerb standhalten können und den Standort Ostdeutschland für neue potentielle Unternehmensansiedelungen attraktiv gestalten.

Der räumlichen Differenzierung innerhalb dieser Fragestellung kommt eine besondere Bedeutung zu, da Innovation meist mit hohen Investitionen verbunden ist, die von staatlicher oder privater Seite bereitzustellen sind. Besonders im Rahmen der staatlichen Innovationsförderung stellt sich die Frage, ob eine wachstumspolorientierte, sich auf bereits bestehende Wachstumszentren konzentrierende, oder eine ausgleichsorientierte, einen Ausgleich des Standards von städtischen und ländlichen Gebieten erzielende Förderung das Ziel des Produktivitätszuwachses erreicht.

Nach einer Definition der themenbezogenen Begrifflichkeiten im zweiten Teil folgt in Abschnitt drei eine Analyse des Innovationsverhaltens innerhalb Deutschlands und insbesondere innerhalb Ostdeutschlands anhand der herausgestellten Vergleichsgrößen. Abschließend werden im vierten Abschnitt die sich hieraus ergebenden Entwicklungsmöglichkeiten und Probleme gegenüber gestellt.

2 Themenbezogene Definitionen

2.1 Forschung und Entwicklung

Folgende Definition von Forschung und Entwicklung (FuE) liegt dieser Arbeit zurgunde: "Research and experimental development (R&D) comprise creative work undertaken on a systematic basis in order to increase the stock of knowledge, including knowledge of man, culture and society, and the use of this stock of knowledge to devise new applications."[2] (OECD 2002:30) Im Vordergrund steht hierbei, dass etwas Neues geschaffen wird, bzw. das vorhandene Wissen erweitert wird. Wissen stellt also sowohl eine wesentliche Grundlage von Forschung und Entwicklung, als auch ein Ergebnis des Forschungsprozesses dar. Träger der Forschung und Entwicklung in Bezug auf die Durchführung und auch die Finanzierung können der Wirtschafts- oder Hochschulsektor, der Staat exklusive Hochschulen, private Institutionen ohne Erwerbszweck oder das Ausland sein. (VOSSKAMP/SCHMIDT-EHMKE 2006:9)

Um Forschung und Entwicklung zu messen, wird der FuE-Input in Form von FuE-Ausgaben bzw. Forschungsintensität (FuE-Personal je 10.000 Erwerbstätige) herangezogen.

2.2 Wissen

Wissen bildet sich neben dem Sozialkapitalbestand nach MOHR (1997, zit. in VOSSKAMP/SCHMIDT-EHLERS 2006:10) insbesondere in den beiden Kapitalbeständen des Human- und Wissenskapitals ab. Humankapital stellt hiernach das in ausgebildeten und qualifizierten Individuen gebundene Leistungsvermögen der Gesellschaft dar. Wissenskapital ist nicht an Individuen gebunden. Es kann in kodifizierter Form, wie z.B. Patentschriften, oder in nicht kodifizierter Form (z.B. Organisationsstrukturen) vorliegen.

Oft stehen am Ende des Wissensgenerierungsprozesses über den Prozess der FuE generierte Patentanmeldungen. Da Wissen nur schwer gemessen werden kann, wird hier die Zahl der Patentanmeldungen absolut oder die Patentdichte (Patentanmeldungen je 10.000 Einwohner) als Indikator für Wissen herangezogen.

---

[2] Übersetzung: „Forschung und experimentelle Entwicklung (FuE) ist die systematische, schöpferische Arbeit zur Erweiterung des vorhandenen Wissens einschließlich des Wissens über den Menschen, die Kultur und die Gesellschaft sowie die Verwendung dieses Wissens mit dem Ziel, neue Anwendungsmöglichkeiten zu finden." Vgl. BMBF 2004: 170

2.3 Invention / Patentanmeldung

Eine Invention ist grundsätzlich von einer Innovation zu entscheiden. Bei einer Invention handelt es sich um ein neuartiges oder wesentlich verbessertes Produkt oder einen Prozess, der noch nicht in den Markt eingeführt worden ist. (Vgl. VOSSKAMP / SCHMIDT-EHMKE 2006:13) Eine Invention stellt somit die Vorstufe einer Innovation dar. Zu beachten ist, dass aus einer Invention nicht zwangsläufig eine Innovation entstehen muss, sondern es hierbei auf die konkrete Umsetzung, die Markteinführung, ankommt (vgl. VOSSKAMP/SCHMIDT-EHMKE 2006:13-14).

Da eine Invention häufig zu einer Patentanmeldung führt, die die Anzahl von Inventionen in eine messbare Größe transformiert, stellen Aufkommen und Intensität von Patenten ein Maß für den (regionalen) Output kodifizierten Wissens dar. Sie sind gleichzeitig der wesentliche Input für Innovation.

2.4 Innovation

Nach der Definition der OECD (1997:§129) sind Innovationen „neue oder merklich verbesserte Produkte oder Dienstleistungen, die auf dem Markt eingeführt worden sind (Produktinnovationen), oder neue oder verbesserte Verfahren, die neu eingesetzt werden (Prozessinnovationen)".[3] Im Gegensatz zur Invention kommt es hier also auf die tatsächliche Markteinführung des neu entwickelten Produktes oder Prozesses an.

Um Innovationsgeschehen zu messen wird der Input (FuE-Ausgaben, -Personal) oder Output (Patentanmeldungen) von FuE-Prozessen herangezogen.

2.5 Gründungsaktivität und New-Economy

Als Output von Innovationsgeschehen können zum einen auch die Zahl der neu gegründeten, technologieintensiven Unternehmen und zum anderen der Anteil an New-Economy-Unternehmen angesehen werden. Nach SCHWARZ (2000) versteht man unter New-Economy-Unternehmen solche, „die Spitzentechnologie herstellen, oder – wie E-Commerce – auf dieser basieren". Diese sind damit als weiterer Innovationsindikator heranzuziehen (vgl. DOHSE 2004:10).

---

[3] Zur Übersetzung vgl: BMBF 2004: 172

3 Regionale Disparitäten im Innovationsverhalten

3.1 Zusammenhänge der Indikatoren

Basierend auf den oben angeführten Erläuterungen ergeben sich folgende Indikatoren zur Messung des Innovationsgeschehens:

- Forschung- und Entwicklungsintensität in Form des FuE-Personal-Anteils,
- Patentintensität,
- Gründungsintensität und
- „New-Economy-Unternehmen".

Anhand dieser folgt im zweiten Teil eine Analyse regionaler Ungleichheiten im Innovationsverhalten und deren Entwicklung im Zeitverlauf. Neben einer gesamtdeutschen Betrachtung erfolgt auch eine Analyse spezifischer ostdeutscher Disparitäten.

Der zuvor aufgezeigte Zusammenhang zwischen Forschung und Entwicklung, Wissen, Invention, Innovation und Wachstum wird in Abbildung 2 grafisch verdeutlicht.

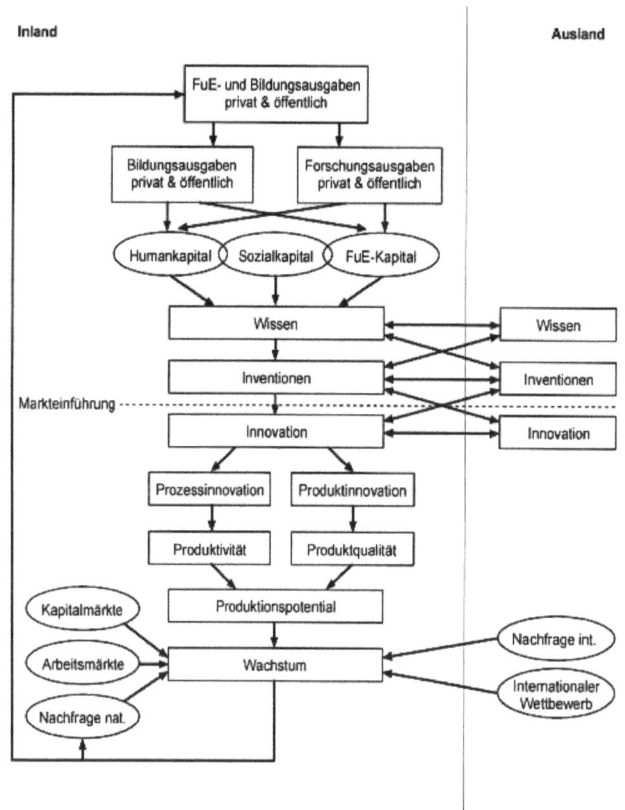

Abbildung 2: Innovationskreislauf [4]

---

[4] VOSSKAMP/SCHMIDT-EHMKE 2006:42

Über die FuE- und Bildungsausgaben wird Wissen generiert, das sich in Inventionen wiederspiegelt. Durch die Markteinführung entstehen aus Inventionen Innovationen, die in Form von Produkt- oder Prozessinnovationen das Produktionspotential der Ökonomie steigern und so ein gesamtwirtschaftliches Wachstum erzeugen. Mit dem gesamtwirtschaftlichen Wachstum ist eine steigende Gründungsaktivität verknüpft.

Gesamtwirtschaftliches Wachstum, aus dem - wie oben angeführt - ein Anstieg der Beschäftigung resultieren kann, steigert wiederum die Investitionen in FuE wodurch sich der dargestellte Kreislauf schließt.

3.2 Auswirkungen auf die wirtschaftliche Entwicklung

Wie bereits dargestellt wirken sich höhere Ausgaben für Forschung und Entwicklung über ein steigendes Patentaufkommen positiv auf die gesamtwirtschaftliche Entwicklung aus. Es ergibt sich folgender Zusammenhang zwischen der FuE-Intensität in % (2002) und dem Pro-Kopf-Einkommen (2003) auf Ebene der OECD-Mitgliedsstaaten:

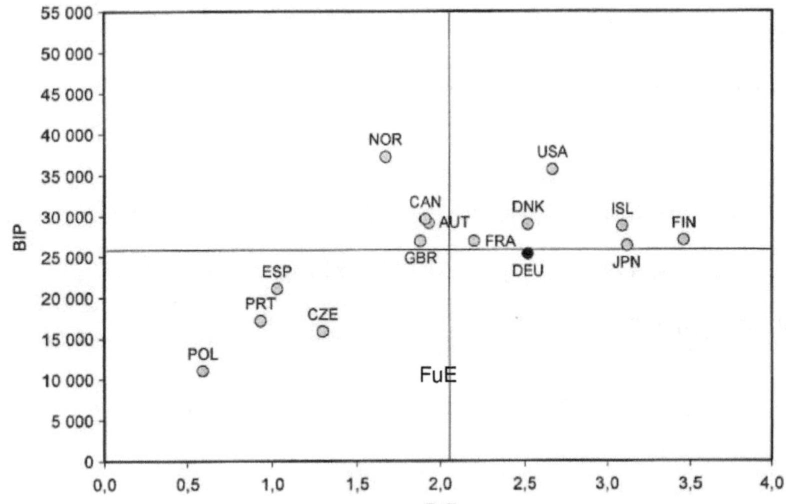

Abbildung 3: Zusammenhang zwischen der FuE-Intensität in % (2002) und dem Pro-Kopf-Einkommen (2003) [5]

Demnach kann hier ein positiver Zusammenhang angenommen werden, den die Autoren auch bezüglich des Zusammenhangs der FuE-Intensität in % (2002) und der Wachstumsrate des BIP in % (2004) herausarbeiten (vgl. VOSSKAMP/SCHMIDT-EHMKE 2006:24).

Auch ich Bezug auf die angemeldeten Hightech-Patente bei europäischen Patentamt pro eine Million Einwohner (2002) kann so eine positive Einflusswirkung auf das Pro-Kopf Einkommen in % (2003) angenommen werden. Dieses ist in Abbildung 4 dargestellt.

---

[5] VOSSKAMP/SCHMIDT-EHMKE 2006: 23-24

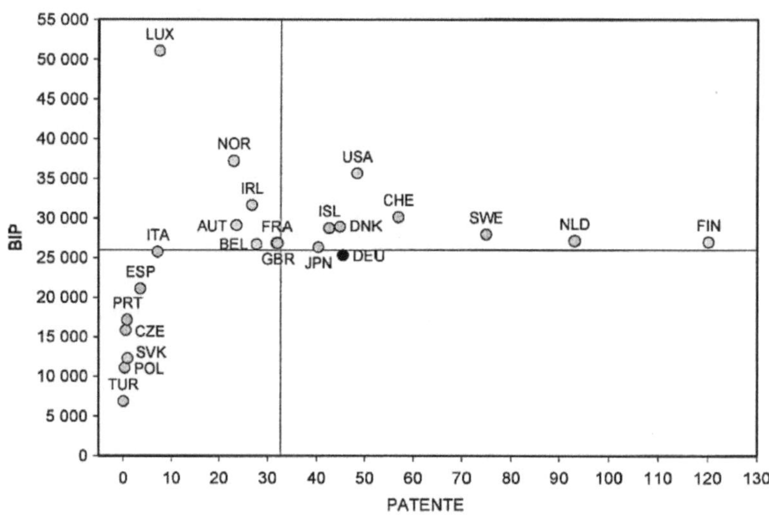

Abbildung 4: Zusammenhang zwischen den angemeldeten High-Tech-Patenten pro eine Million Einwohner (2002) und dem Pro-Kopf-Einkommen in % (2003) [6]

Kritisch anzumerken ist, dass die aufgeführten Länder unterschiedliche Rahmenbedingungen aufweisen und es evtl. zweckmäßiger wäre, homogene Ländergruppen, in getrennten Darstellungen zusammenzufassen. Hinzu kommt, dass hier kein einseitiger Zusammenhang zwischen den betrachteten Faktoren vorliegt, sondern sich Wachstum auch immer auf die FuE- und Patentintensität auswirkt (vgl. Abschnitt 3.1).

3.3 Indikator: Forschung und Entwicklung

Aus dem Jahresbericht zum Stand der deutschen Einheit 2006 (vgl. BMVBS 2006:167) ergibt sich folgende zahlenmäßige Darstellung der Entwicklung des FuE-Personals in den alten und neuen Bundesländern von 1995 bis 2004:

Jahr		FuE-Personal				
		insgesamt	Anteil nBl an Deutschland gesamt in %	je 10.000 der Bevölkerung	je 10.000 der Erwerbstätigen	FuE-Potenziallücke der nBl bezogen auf Erwerbstätige in %
1995	aBl	250.704		40	87	
	nBl einschl. Berlin	32.612	11,5	18	43	-51
1997	aBl	250.545		39	87	
	nBl einschl. Berlin	35.725	12,5	20	47	-46
1999	aBl	271.148		42	94	
	nBl einschl. Berlin	35.545	11,6	20	47	-50
2001	aBl	270.354		42	92	
	nBl einschl. Berlin	36.903	12,0	21	50	-46
2003	aBl	267.609		41	86	
	nBl einschl. Berlin	30.463	10,2	18	42	-49
2004	aBl	267.560		41	84	
	nBl einschl. Berlin	30.457	10,2	18	42	-50

Quelle: FuE-Datenreport 2003/04, Stifterverband für die Deutsche Wirtschaft; Pressemitteilung Stifterverband vom 23.02.2006, eigene Berechnungen

Tabelle 1: Entwicklung des FuE-Personals in Ost und Westdeutschland (1995 – 2004)

---

[6] Vgl. VOSSKAMP/SCHMIDT-EHMKE 2006:25

Es ist zu erkennen, dass der Anteil der neuen Bundesländer am gesamten FuE-Personal Deutschlands nach einem Aufschwung gegen Ende der 90er Jahre wieder absinkt. Im Jahr 2004 liegen sowohl der Anteil, als auch die absoluten Zahlen des FuE-Personals Ostdeutschlands unter den jeweiligen Ausgangswerten von 1995. Die FuE-Intensität (FuE-Personal je 10.000 Erwerbstätige) bleibt nahezu konstant, beträgt jedoch nur die Hälfte der FuE-Intensität der westdeutschen Bundesländer. Anhand der Darstellung des FuE-Personals in Prozent der sozialversicherungspflichtig Beschäftigten innerhalb Ostdeutschlands nach Raumordnungsregionen wird ein Süd-Nord-Gefälle erkennbar (Abbildung 5). Neben Berlin weisen die Raumordnungsregionen Ostthüringen und Oberes Elbtal / Osterzgebirge den höchsten Anteil an FuE-Personal mit mehr als 0,75% auf (vgl. DOHSE 2004: 19). Die Grenzbetrachtung ergibt, dass die Grenzgebiete zu Polen und Westdeutschland eine geringe FuE-Intensität aufweisen. Dieses lässt sich auf den hohen Anteil ländlicher Gebiete zurückführen. An den südlichen Grenzen besteht aufgrund der Bildung von „Innovationsnetzwerken" im Umfeld von Agglomerationen eine hohe FuE-Intensität.

Abbildung 5: FuE-Personal in % der sozialversicherungspflichtigen Beschäftigten [7]

---

[7] DOHSE 2004: 9

Des Weiteren erkennt man eine Konzentration auf städtische Gebiete aber darüber hinaus auch auf das direkte Umland, was unter anderem auf ein Wissensspillover durch die räumliche Nähe zurückgeführt werden kann. Durch räumliche Nähe kann Wissen mobilisiert werden, dass in nicht kodifizierter Form vorliegt (z.B. durch Mitarbeiterwechsel und somit den Wechsel des Humankapitals). Es wird zudem die Bildung von Netzwerken positiv unterstützt.

3.3.1 Kooperation in FuE

Kooperation ist ein wichtiger Faktor im Bereich der Forschung und Entwicklung. So kann es aufgrund der Kooperation mehrerer Träger von FuE zur Bildung von „Innovations-netzwerken" kommen. Die Möglichkeit zur Kooperation ist auch ein Erklärungsansatz für die oben genannte Konzentration des FuE-Personals auf Agglomerationsräume.

Eine Befragung des verarbeitenden Gewerbes in Ostdeutschland des DIW, Berlin, (EICKELPASCH/PFEIFFER 2006:173 f.) ergab, dass 37% der Unternehmen des verarbeitenden Gewerbes FuE betreiben, wobei 55% dieser Unternehmen FuE in Kooperation betreiben. 40% dieser kooperieren nur mit anderen Unternehmen, 20% nur mit Hochschulen und Forschungseinrichtungen und 40% mit Unternehmen und Hochschulen/ Forschungseinrichtungen. Mit dieser breiten Basis forschender Unternehmen in Ostdeutschland ist die Voraussetzung für wirtschaftliches Wachstum gegeben.

3.3.2 Staatliche Förderung von Forschung und Entwicklung

Da FuE in vielen Fällen mit erheblichen finanziellen Aufwendungen verbunden ist, ist auch die staatliche Förderung von FuE einer genaueren Betrachtung zu unterziehen.

Im Jahr 2000 erhielten in Ostdeutschland 90% der kontinuierlich forschenden Unternehmen staatliche Förderungsmittel, in Westdeutschland dagegen nur 30% (vgl. RAMMER/CZARNITZKI 2003:4). Hieraus ergibt sich das Problem, dass die ohnehin schon geringere Forschungsintensität in Ostdeutschland in hohem Maße auf staatliche Förderung zurückzuführen ist. Hinzu kommt, dass durch eine starke Förderung von Forschung im Unternehmenssektor die gewünschten Produktivitätseffekte ausbleiben können, wenn es an der Vermarktung und Umsetzung der Produkte oder Prozesse fehlt, für die das Unternehmen allein verantwortlich ist.

3.3.3 Indikator: Erfindungstätigkeit

In der folgenden Tabelle ist der Anteile der ostdeutschen Länder an den Patentanmeldungen der Bunderepublik Deutschland insgesamt in % abgetragen.

	1995	1996	1997	1998	1999	2000	2001	2002	2003	2004	2005
Berlin	3,2	3,5	3,2	3,2	3,0	2,9	2,6	2,7	2,6	2,6	2,5
Sachsen	2,6	2,7	2,5	2,4	2,5	2,5	2,5	2,7	2,8	2,8	2,8
Thüringen	1,1	1,3	1,3	1,3	1,3	1,3	1,3	1,4	1,4	1,5	1,5
Brandenburg	0,7	0,7	0,8	0,9	0,9	1,0	1,0	1,0	1,1	1,0	1,0
Sachsen-Anhalt	0,8	0,9	0,8	0,9	0,8	0,9	0,8	0,7	0,8	0,7	0,7
Mecklenburg-Vorpommern	0,3	0,3	0,4	0,4	0,4	0,5	0,4	0,4	0,4	0,4	0,4
Ostdeutschland gesamt	8,7	9,4	9,0	9,1	8,9	9,1	8,7	8,9	9,1	9,0	8,9

Tabelle 2: Anteil der ostdeutschen Länder an Patentanmeldungen der Bundesrepublik Deutschland[8]

Analog zum Anteil des Forschungspersonals ist ein Aufschwung Ende der 90er Jahre zu verzeichnen, der im Zeitverlauf jedoch wieder abnimmt. Insgesamt ist im Gegensatz zur aufgezeigten Entwicklung des Forschungspersonalanteils der Anteil Ostdeutscher Patentanmeldungen von 8,7 auf 8,9 % leicht gestiegen, wobei einzig in Berlin der Anteil der Patentanmeldungen merklich gesunken ist.

Im Vergleich mit den westdeutschen Bundesländern liegt Ostdeutschland durchgängig hinter den führenden westdeutschen Ländern zurück. Für das Jahr 2005 weisen z.B. Bayern (24,5%), Baden-Württemberg (26,8%), und Nordrhein-Westphalen (16,9%) einen weitaus höheren Anteil an Patentanmeldungen auf. (SCMIEDEL 2006:16; eigene Berechnungen)

Ergänzend wird die Patentanmeldungsdichte (gemessen in Patentanmeldungen / 100.000 Einwohner) betrachtet. Es ist zu erkennen, dass das führende ostdeutsche Bundesland, Berlin, deutlich unter dem Gesamtdeutschen Durchschnitt zurückliegt. Positiv ist zu vermerken, dass im Vergleich von 1995 bis 2005 alle ostdeutschen Länder an Anmeldungen hinzugewonnen haben, wobei Brandenburg, Thüringen und auch Mecklenburg -Vorpommern den stärksten Zuwachs verzeichnen konnten.

---

[8] Vgl. 1995 – 2000 : GREIF / SCHMIEDEL (2002: 140), eigene Darstellung; 2001 – 2005 : SCHMIEDEL (2006:16), eigene Berechnungen und Darstellung

Da Mecklenburg -Vorpommern jedoch von einem sehr niedrigen Niveau gestartet ist, weist es in 2005 noch immer die niedrigste Patentanmeldungsdichte auf.

	1995	2000	2005
Baden-Württemberg	67,6	92,0	112,2
Bayern	53,4	77,5	88,3
Bremen	16,5	14,4	18,0
Hamburg	25,1	28,8	40,0
Hessen	47,1	54,6	53,8
Niedersachsen	23,2	38,2	40,8
Nordrhein-Westfalen	35,9	44,3	41,7
Rheinland-Pfalz	36,2	45,2	45,5
Saarland	19,9	27,3	25,2
Schleswig-Holstein	19,8	28,6	40,0
Berlin	27,6	34,5	32,4
Brandenburg	8,0	15,9	16,8
Mecklenburg-Vorpommern	5,3	10,5	11,5
Sachsen	16,7	22,7	28,7
Sachsen-Anhalt	8,7	13,3	12,2
Thüringen	12,0	21,4	28,3
Gesamtdeutschland	**36,4**	**49,2**	**54,1**

Tabelle 3: Patentanmeldungsdichte der Bundesländer (nach Einwohnern) 21995, 2000, 2005 [9]

Um Unterschiede im Patentaufkommen innerhalb Ostdeutschlands zu verdeutlichen, bietet sich der Anteil der ostdeutschen Länder an den Patentanmeldungen Ostdeutschlands an. Nach Angaben des DPMA hat Berlin hierbei im Zeitraum von 1992 bis 2005 am stärksten an Prozentpunkten verloren (-14,1%), zugunsten des Umlandes, also Brandenburg (+3,8%), und den zuvor schon herausgestellten Regionen Sachsen (+5,4%) und Thüringen (+4,0%).

---

[9] Vgl. SCHMIEDEL (2006:22); eigene Darstellung

Positiv fällt hier auch auf, dass Mecklenburg-Vorpommern von 2004 auf 2005 wieder einen leichten Anstieg verzeichnet. (VGL. GREIF / SCHMIEDEL 2002:140 ; GREIF / SCHMIEDEL 2006:16)

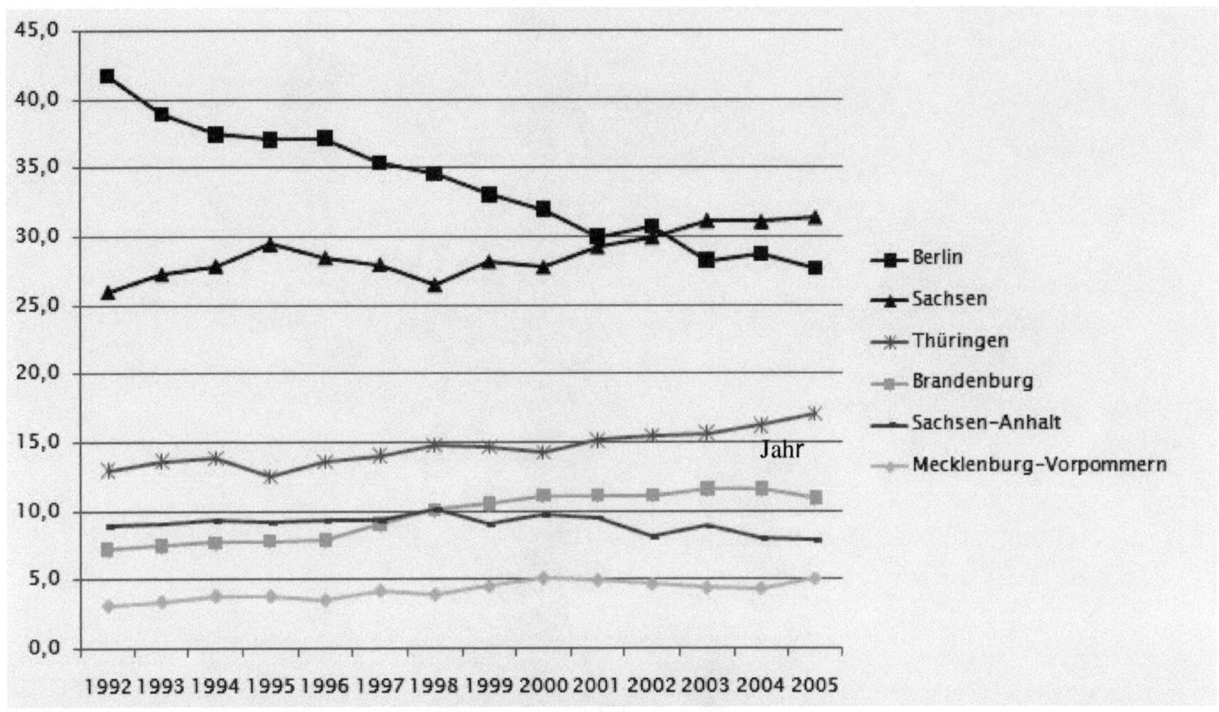

Abbildung 6 : Anteil der ostdeutschen Länder am Patentaufkommen Ostdeutschlands[10]

Die Darstellung der absoluten Patentanmeldungen des Jahres 2005 nach Kreisen bestätigt das Ergebnis (Abbildung 7). Je dunkler die Fläche, desto höher ist die Zahl der Patentanmeldungen. Deutlich ist das gesamtdeutsche West-Ost-Gefälle zu erkennen und die Schwerpunkte der Patentanmeldungen innerhalb Ostdeutschlands im Raum Berlin und im südlichen Teil Ostdeutschlands. Die führenden Raumordnungsregionen sind hierbei analog zur oben angeführten Forschungs- und Entwicklungsintensität Oberes Elbtal/Osterzgebirge, Berlin und Ostthüringen. (DOHSE 2004: 5,19) Auch eine Konzentration auf Städte und direktes Umland zu Lasten der ländlichen Gebiete ist auszumachen.

---

[10] Vgl. 1995 – 2000 : GREIF / SCHMIEDEL (2002:140), eigene Darstellung; 2001 – 2005 : SCHMIEDEL (2006:16), eigene Berechnungen und Darstellung

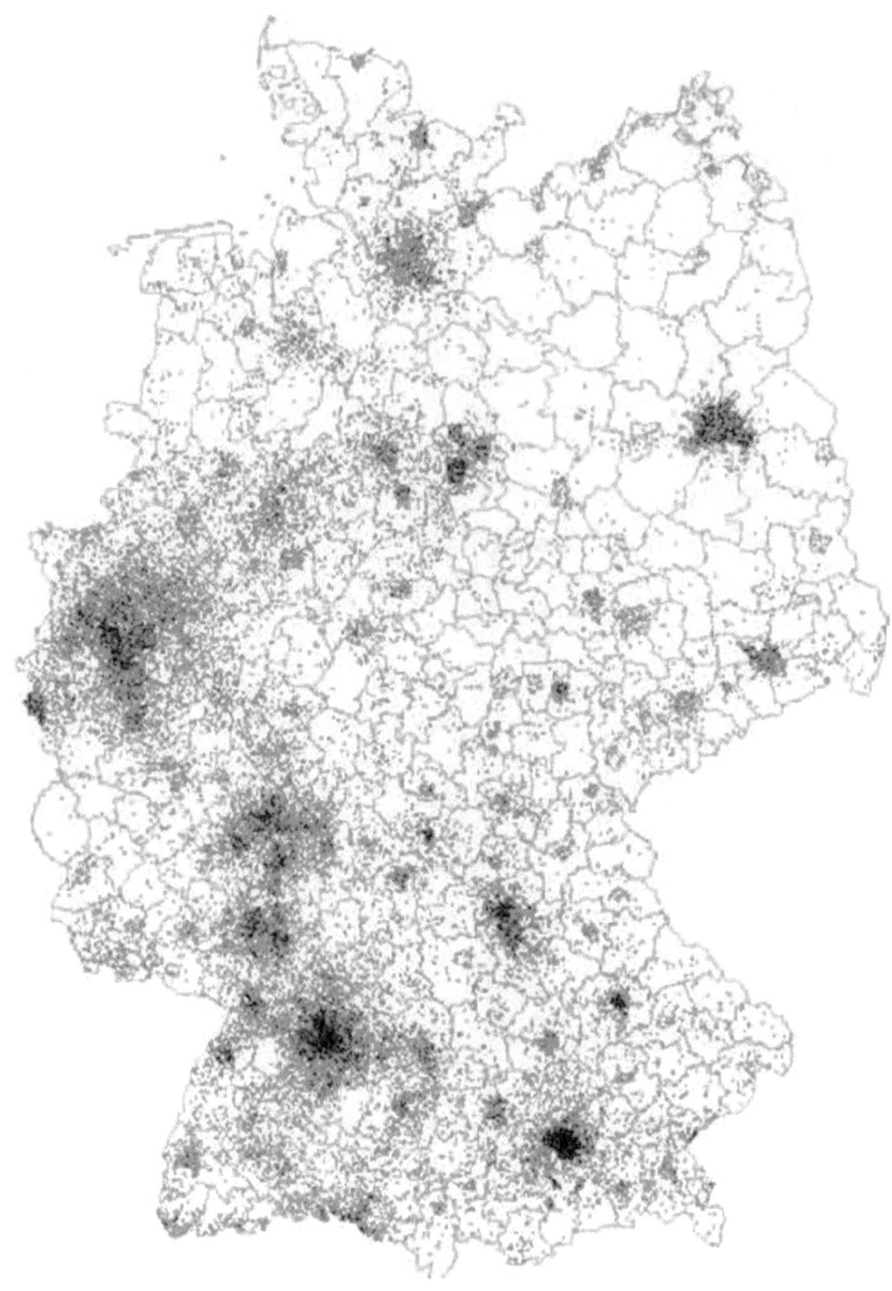

Abbildung 7 : Regionale Verteilung der Patentanmeldungen nach Kreisen (2005) [11]

Zusammenfassend ist zu sagen, dass die Entwicklung des Patentaufkommens Ostdeutschlands größtenteils analog zur Entwicklung der FuE-Intensität verläuft. Eine Ausnahme besteht darin, dass der Anteil Ostdeutschlands an Patentanmeldungen insgesamt gestiegen, der Anteil am FuE-Personal jedoch gefallen ist. Diese Entwicklung könnte jedoch darauf zurückzuführen sein, dass die tatsächliche Patentanmeldung dem FuE-Prozess nachgelagert ist (vgl. Abschnitt 3.1).

---

[11] SCHMIEDEL 2006:21

So ist es möglich, dass die heute höhere Zahl an Patentanmeldungen auf den Anstieg der FuE-Intensität Ende der 90er Jahre zurückzuführen ist. Infolge dessen würde die zukünftige Zahl der Patentanmeldungen analog zu Entwicklung der FuE-Intensität sinken. Hierzu wurden jedoch keine weiteren Untersuchungen betrachtet.

Ein positiver Trend lässt sich jedoch für die wirtschaftliche Entwicklung vermuten, da Patente als Frühindikator für zukünftige technologische Entwicklungen angesehen werden können. Als Problem besteht weiterhin die Hürde der konkreten Umsetzung von Inventionen in Innovationen, also die Markteinführung.

3.4 Indikator: Gründungsverhalten

Im hier aufgeführten Kontext sind Unternehmensgründungen, besonders im Bereich der Spitzentechnologie als Output von Innovation anzusehen und können somit ebenso Aufschluss über die räumliche Verteilung von Innovationsgeschehen geben. (Vgl. DOHSE 2004: 15 ff.) Die durchschnittlichen Gründungsintensitäten (Zahl der Gründungen je 10.000 Erwerbstätige) in Ost- und Westdeutschland für die Zeiträume 1991-1994 und 1998-2001 sind der folgenden Tabelle zu entnehmen:

	Gesamt			Ausgewählte Bereiche			
		Spitzen-technologie	Höherwertige Technologie	Technologie-orientierte Dienstleistungen	Verarbeitendes Gewerbe	BAU	HANDEL
		(STW)	(HTW)	(TDL)	(VERGEW)		
1991–1994							
Westdeutschland	41,03	0,24	0,46	2,82	3,17	4,29	12,29
Ostdeutschland[a]	70,87	0,23	0,77	3,90	5,14	10,52	21,33
1998–2001							
Westdeutschland	46,21	0,26	0,32	3,55	2,50	4,68	12,69
Ostdeutschland[a]	47,05	0,21	0,24	2,72	2,30	9,38	10,50

[a]Einschließlich Berlin.

Quelle: ZEW-Gründungspanel.

Tabelle 4 : Durchschnittliche Gründungsintensitäten 1991-1994 und 1998-2001 [12]

Es ist zu erkennen, dass Anfang der 90er Jahre in Ostdeutschland eine sehr hohe Gründungsintensität im Vergleich zu Westdeutschland (172% des westdeutschen Niveaus) gegeben war. In den Jahren 1998 – 2001 erfolgte eine Anpassung auf das westdeutsche Niveau, wobei das ostdeutsche Niveau, bis auf den Bereich Baugewerbe, sogar unter das westdeutsche Niveau sank. Positiv ist zu verzeichnen, dass die Gründungsintensität im

---

[12] DOHSE 2004:15

Bereich der Spitzentechnologie nahezu konstant bleibt. Im Bereich der höherwertigen Technologie und den technologieorientierten Dienstleistungen ist jedoch ein Rückgang zu verzeichnen. Unter den 25 Raumordnungsregionen mit den höchsten Gründungsintensitäten befanden sich 1991-1994 noch alle 23 ostdeutschen Raumordnungsregionen. Im Zeitraum 1998-2001 sind hingegen nur noch 7 ostdeutsche Raumordnungsregionen vertreten. (Vgl. DOHSE 2004:16) An diesen Regionen lässt sich die Verteilung der Gründungsaktivität innerhalb Ostdeutschlands aufzeigen. Die führende Raumordnungsregionen Ostdeutschlands (1998-2001) sind hier grau unterlegt. Man erkennt, dass die „Rangordnung" der Gründungsintensität von der der Patentdichte abweicht, deren Schwerpunkt im südlichen Teil Ostdeutschlands lag. Führend im Bereich der Gründungsintensität sind jedoch Raumordnungsregionen in Berlin und Mecklenburg-Vorpommern.

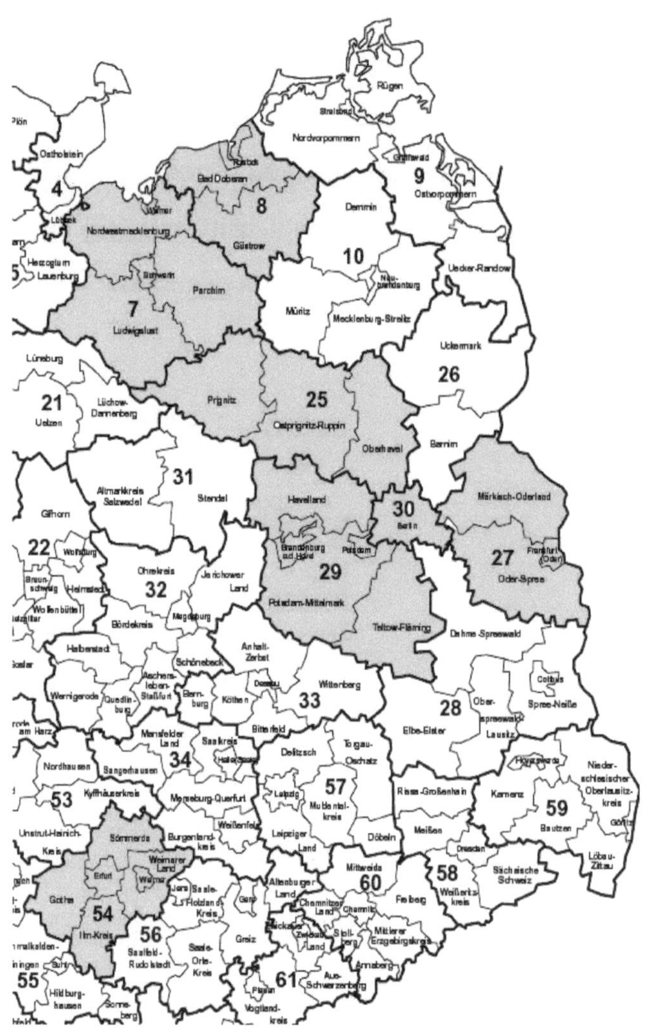

Abbildung 8: Führende ostdeutsche Raumordnungsregionen im Bereich der Gründungsintensität 1998 - 2001 [13]

---

[13] DOHSE 2004:15

Dieses lässt sich zum Teil durch die Differenzierung der Gründungsarten erklären. So ist das in den vorherigen Abschnitten aufgezeigte Süd-Nord-Gefälle weiter existent in Bezug auf **Spitzentechnologie-Gründungen.** Die führenden Regionen sind hier Thüringen und Chemitz-Erzgebirge.

Die Gründungsintensität in den nördlichen Regionen ist hauptsächlich auf Gründungen im Bereich Bau & Hanel zurückzuführen. Aber auch Gründungen im Bereich der höherwertigen Technologie sind überdurchschnittlich zu verzeichnen. (Vgl. DOHSE 2004:15)

3.5 Indikator: „New Economy-Unternehmen"

Unter New Economy-Unternehmen versteht man „Börsennotierte Unternehmen, die Spitzentechnologie herstellen, oder – wie E-Commerce – auf dieser basieren" (SCHWARZ 2000). Bis 2004 gab es an der deutschen Börse den NEMAX Index, der im September 2002 225 Unternehmen listete. Von Diesen befanden sich nur 12 in Ostdeutschland (exklusive Berlin). Wiederum 9 von diesen 12 befanden sich in Sachsen und Thüringen. (Vgl. DOHSE 2004:10 ff.)

Die zuvor angeführten Feststellungen bezüglich der räumlichen Verteilung der FuE-Intensität und Erfindungstätigkeitwerden hier bestätigt.

4 Ausblick

Innovation kann, wie in der Einleitung gezeigt, zu steigendem Produktionspotential und Wachstum und damit zur Senkung der Arbeitslosigkeit und Steigerung der Wettbewerbsfähigkeit beitragen. Die Entwicklung Ostdeutschlands im Vergleich zu Westdeutschland äußert sich bis Mitte der 90er Jahre in einem Aufholprozess, der sich anhand der Indikatoren Forschung und Entwicklung, Erfindungstätigkeit und Gründungsverhalten aufzeigen lässt. Jedoch erlosch diese Angleichung in den folgenden Jahren oder war sogar rückläufig. Am Ende des dargestellten Zeitraumes liegen alle Werte der aufgezeigten Innovationsindikatoren Ostdeutschlands unter den vergleichbaren westdeutschen.

Im Bereich der Gründungsintensität und der FuE ist eine rückläufige Entwicklung festzustellen, wohingegen der Anteil der Patentanmeldungen Ostdeutschlands im Zeitablauf seit 2001 leicht steigt. Ziel muss es also sein, die gestiegene Zahl der Inventionen zu nutzen um sie durch eine erfolgreiche Markteinführung in Innovationen umzuwandeln und so die gewünschten gesamtwirtschaftlichen Effekte zu erzielen, die sich wiederum positiv auf den FuE-Input in Form von FuE-Ausgaben auswirken. An dieser Schwachstelle ansetzend verfolgt das BMBF zur Zeit das Förderprogramm für „innovative regionale Wachstumskerne" mit dem Ziel die entstandenen Kooperationsergebnisse in vermarktbare Produkte und Verfahren umsetzen.

Weiterhin stellt sich die Frage ob eine staatliche Innovationsförderung wachstumsorientiert oder ausgleichsorientiert anzulegen ist. Aktuell wird ein verstärkter Blick auf die Regionen geworfen. Da Regionen individuelle Stärken und Schwächen aufweisen, liegt der Schwerpunkt der Förderung auf wachstumspolorientierter Förderung (Z.B. Spitzentechnologie im Bereich Chemnitz-Erzgebirge, Thüringen). Hierdurch wird eine Unterstützung von positiven Clustereffekten und dadurch eine Ausstrahlwirkung auf das Umland angestrebt. Gleichzeitig muss eine attraktive Gestaltung des Standortes Ostdeutschland vorgenommen um den „Braindrain", also Die Abwanderung von Hochschulabsolventen nach Westdeutschland oder in das Ausland, zu stoppen und das generierte Wissen vor Ort in Produktivität umzusetzen.

Eine Zukunftsperspektive für den Ostdeutschen Raum:

Positiv ist hervorzuheben, dass die Bildung von Innovationszentren mit aufgezeigten Spitzenpositionen bei allen Indikatoren (Spitzentechnologiebereich in Sachsen und Thüringen) ersichtlich ist. So werden internationale Wettbewerbsvorteile geschaffen. Auch die hohe Gründungsintensität in den ansonsten „schwachen" Regionen (z.B. Mecklenburg-Vorpommern) lässt eine positive Entwicklung vermuten.

Probleme bestehen weiterhin in der Umsetzung des „Forschungsoutputs" in Produktivitätssteigerungen um langfristig auch einen Anstieg der Beschäftigung zu erzielen. Des Weiteren sind viele ländliche Gebiete nicht im Innovationsprozess erfasst, was bedeutet, dass auch eine ausgleichsorientierte Form der Förderung nicht vernachlässigt werden darf.

5   Literatur- und Quellenverzeichnis

BMBF 2004: Bundesbericht Forschung 2004. Berlin: BMBF,
http://www.bmbf.de/pub/bufo2004.pdf (Abruf: 013.05.2007)

BMVBS 2006: Jahresbericht der Bundesregierung zum Stand der deutschen Einheit 2006. Berlin:
BMVBS, http://www.bundesregierung.de/Content/DE/Artikel/2006/09/Anlagen/2006-09-
27-jahresbericht-stand-deutsche-einheit-pdf,property=publicationFile.pdf (Abruf:
14.05.2007)

DOHSE, D. 2004: Regionale Verteilung innovativer Aktivitäten in Ostdeutschland. (= Kieler
Diskussionsbeiträge, Bd. 411). Kiel: Institut für Weltwirtschaft. http://www.uni-
kiel.de/ifw/pub/kd/2004/kd411.pdf (Abruf: 24.05.2004)

EICKELPASCH, A. /PFEIFFER I. 2006: Unternehmen in Ostdeutschland – wirtschaftlicher
Erfolg mit Innovationen. In: DIW Berlin Wochenbericht, Nr. 14/2006, S. 173 – 180

GREIF, S. / SCHMIEDEL, D. 2006: Patentatlas 2006 – Regionaldaten der Erfindungstätigkeit.
Deutsches Patent- und Markenamt (Hrsg.). München: 2006.

GREIF, S. / SCHMIEDEL, D. 2002: Patentatlas 2002 – Dynamik und Strukturen der
Erfindungstätigkeit. Deutsches Patent- und Markenamt (Hrsg.). München: 2006.

Handwörterbuch der Raumordnung (2005), Akademie für Raumforschung und Landesplanung
(Hrsg.), Hannover: 1995

MARETZKE, S. 2006: Regionale Disparitäten – eine bleibende Herausforderung, in:
Informationen zur Raumentwicklung, 9/2006, S. 473-484

MOHR, H. 1997:Begründung für die Studie. In: CLAR, G./ DORÉ, J./Mohr, H. (Hrsg.):
Humankapital und Wissen. Grundlagen einer nachhaltigen Entwicklung. Berlin: Springer,
S. 5-10. [zit. nach VOSSKAMP/SCHMIDT-EHMKE 2006:10]

OECD 2002: Frascati Manual. Paris: OECD

OECD 1997: Oslo Manual. The measurement of scietific and technological activities.
http://www.oecd.org/dataoecd/35/61/2367580.pdf (Abruf: 01.06.2007)

RAMMER, C. / CZARNITZKI, D. 2003: Innovationen und Gründungen in Ostdeutschland. (=Studien zum deutschen Innovationssystem Nr. 15/2003). Mannheim: Zentrum für europäische Wirtschaftsforschung (ZEW). http://www.technologische-leistungsfaehigkeit.de/pub/SDI_15-03.pdf (Abruf: 17.05.2007)

SCHWARZ, G. 2000: New Economy? Auf der Suche nach der Neuen Wirtschaft. In: Neue Züricher Zeitung 18.03.2000

VOSSKAMP, R. / SCHMIDT-EHMKE, J. 2006: Die Beiträge von Forschung, Entwicklung und Innovation zu Produktivität und Wachstum – Schwerpunktstudie zur „Technologischen Leistungsfähigkeit Deutschlands". (= DIW Berlin: Politikberatung kompakt, Bd. 15). Berlin: DIW